Simply

handmade

corsage

簡簡單單做胸花

 作者／李貝貝

太雅生活館

corsage

關於胸花

胸花是胸花

溫柔的觸感、多變的材質，默默地襯托出屬於你的風格與美麗！

飾品的飾品

簡單素雅的項鍊
搭配上不同款式的胸花
也能展現出獨特的個性
和無數變化的可能性

綁在包包上、別在頭髮上、美麗的手作胸花也可以是熱情的小禮物，這麼得意的作品不如把它當作畫作裝飾在房間最明顯的角落吧！就算是和同事吃個午餐，也要讓簡單的購物袋美美的，夾朵花吧！送給你的禮物不只盒子內的心意百分百，盒子上別一朵親手做的胸花，不僅好看也很實用。胸花啊~絕對不只是胸花！

胸花
不只是胸花

contents

contents

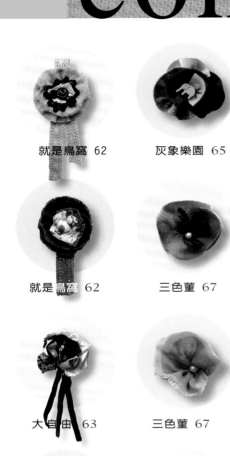

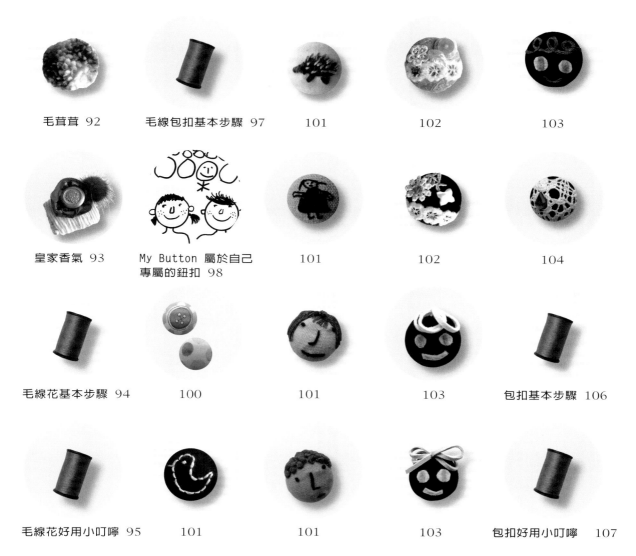

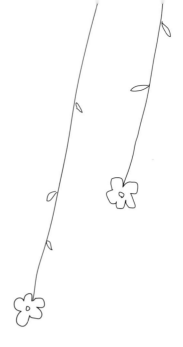

只想當素人 ‥‥‥

對我來說，手工創作

有時就是極盡不擇手段達到目的。

翻譯起來的意思就是：

管他甚麼針法、步驟、配色‥‥‥

反正就是用我想的到、做的到的方法

完成它就對了！！

我想‥‥‥最早的那位手作素人

應該也是這樣的心情吧！

所以說：不就是「Do It Yourself！」

作者序
好玩！就有手作的動力

去年的夏天，我正在模擬歐巴桑日子──和同時一樣也懷孕的朋友拉著行李推車，拿著家庭代工回家，只差沒有帶著大大黑色的遮陽帽（因為我會看不到路，不然還真想試試看）和小碎花遮陽長手套，人生幾回歐巴桑，好玩嘛！正當我這樣想著時，我的插畫家朋友怡芬把我介紹給了出版社。然後，我的模擬歐巴桑日子迅速落幕。

對我來說身邊有太多好玩又有趣的事物。

我不是個烹飪高手，但一進到可以面對著窗外美麗風景的廚房，常常失神了起來，邊洗碗邊看著窗外的欒樹。花謝了之後，留下由紅轉成深咖啡色像小宮燈似的種子掛在樹上，只要風輕輕一吹他們就旋轉般的落在地上，用這個可愛的形狀作成項鍊應該很不錯；洗好碗放在碗籃裡瀝乾、放上碗、放上盤子再放上鍋子。哇！主婦專用的疊疊樂時間又到了。仔細一看，這大大小小簡單的圓形，如果能拿來做什麼的話，一定會簡單又方便。像這樣，我喜歡在生活中轉著角度看事物，感受一點小小的樂趣再把它放大大大……好玩嘛！好玩最重要！

仔細一看，其實書的內容技法簡單又有豐富變化。每個人都曾畫過的小花、或是簡單的圓形，都是作品的創意來源。還有，記得小時候裝飾教室後面佈告欄的皺紋紙花吧！換個材料，呈現出完全不同的美貌；像削鉛筆削一樣的布條，也可以變化出無數款的胸花造型。伴隨著女兒長大，可愛的花花髮夾也向上升級了！

對我來說簡單又有變化性，所以好玩！因為好玩，就有手作的動力！也才能享受製作過程的樂趣。

對了！在做胸花的過程中，我又開始模擬當忍者的日子──好不容易將電力超強的小孩哄睡，極其所能的緩緩起身，輕輕的下床再躡手躡腳的離開房間關上門，成功！趕快去做下一個作品，這也是製作過程中一種偷偷摸摸的樂趣，就是這樣，好玩嘛！好玩最重要！

終於都睡著了！

材料購買
出發！go！

萬一一時失算，錢包大失血，這裡有提款機方便你繼續血拼！

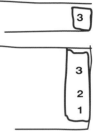

永樂市場

1.這家材料店的東西一應俱全，對我這個記憶力不好也沒甚麼時間的主婦，什麼貨比三家不吃虧，比到第二家就忘了第一家的人來說，還是快快買齊東西比較實際，時間就是金錢啊！

2.有各種麻、胚布的店家！

3.有一天在電視上看到介紹迪化街上的美味料理，赫然發現這一排小店幾乎個個是臥虎藏龍，難怪每次經過都人聲鼎沸好不熱鬧！有機會一定要去吃吃看。

4.來永樂市場怎麼可以不來杯苦茶！喝完之後包准你火氣全消，苦到你神清氣爽！

5.高中時代為了我那2位嗜吃魷魚羹的同學常常徘徊在市場中的攤販前，雖然我一向只吃魷魚不吃羹，但每次來到永樂市場就不自覺的想要嚐嚐，青春回憶啊！

對我來說，傳統市場就像是我的維它命B一樣，賣東西的、買東西的，個個無不卯足全力得到自己想要的，看到大家認真的樣子，讓我每每在市場逛一圈就覺得活力充沛、生龍活虎起來。光是這點就已經值回票價了，如果又遇到出來賣便宜材料的攤販，那天就可訂為我的幸運日了。美麗的蕾絲布、顏色鮮豔的拉鍊……比起到材料店購買，我更喜歡這種不期而遇的感覺。

許多店家的門口擺著零碎的小塊布，像胸花這種只需一小塊布料就能完成的作品，小碎布就是經濟又實惠的選擇，花點時間多挑幾塊布料回家作實驗吧！

迪化街一段

霞海城隍廟

除了不用的衣服拿來DIY外，布料類的材料幾乎都在永樂市場搞定！

民樂街

4
5

延平北路二段60巷

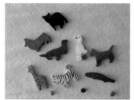

50元、39元的日式店有很多有趣的小東西。像這個木頭的小動物組有各式的小動物和鮮豔的色彩，其實原本是用來作時鐘上的刻度用的，換個角度我把它用來當胸花的裝飾和顏色飽和的不織布作搭配，是不是很可愛呢！

這條巷子裡有幾家緞帶飾品店，進去尋寶吧！

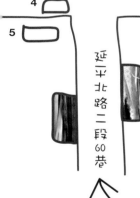

當然有些材料是平常收集的，買衣服時附送的釦子或是布做的吊牌，不用的項鍊把它拆開來當珠珠使用，做其它作品剩下的碎布、緞帶我會把它放在固定的袋子裡，一段時間再過濾一遍。只有能使用的東西才是材料，可別把自己的空間只拿來當倉庫用啊！

工作靈感收集

季節、記憶、孩子和朋友
還有雙魚座不甘寂寞的個性
是我靈感的泉源。

今天風好大喔!

想跟著小孩再一次的長大一遍!

就像小丸子感謝愛迪生發明電的心情,見見感謝發明電話、電腦的世界偉人。這可比是我的生命線,快快打個電話給卡卡,來個好朋友週一會報吧!這是從前組「一間工作室」留下的優良傳統啊!

遇到好玩、好笑的事,隨手記起來。

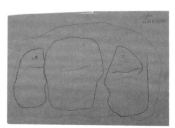

用女兒出生時的身高56公分做出的CC聖誕樹,每年聖誕節就會把它拿出來裝飾一翻,看著漸漸長大的女兒再看著小CC樹,心中不時的覺得真是不可思議!

這是女兒第一次畫出有頭有臉的造型,一時之間喜出望外,用這三隻跳蚤做出一堆東西。

關於人生中的半途而廢

不知道跟我一樣常常興致高昂、學這個學那個的人是不是很多？因為半途而廢，成就了我這個什麼都會一點點小姐。這也不全然沒有好處，因為上了幾堂拼布課，所以學會一點點基本技巧；因為幾堂日文課，會認幾個單字，因為喜歡自己學著作串珠、壓花；因為打工、禮品包裝、插花……一點點一點點，終於，一點點一點點累積出個什麼東西，不也很有趣！還有，因為一樣半途而廢的朋友們提供了我不少材料，這真是半途而廢所得到的意外收穫呢！

關於攝影的小祕密

相信嗎？這本書所有作品的攝影地點，百分之99.9都在廚房的那塊餐桌上完成，難怪人家說：廚房是女人的城堡！真的沒錯！但在此之前，我從沒有過這種攝影的經驗，這才是令人不相信的地方吧！

只要看到我打算開始「工作」，這個敲竹槓的傢伙便開始圍過來，張著若無其事的眼睛看著我說：「媽媽！我也要玩！」這種關鍵時刻，若為自由故什麼都可拋，於是她得到她想玩的鍋、碗、瓢、盆，而我……得到短暫的自由！

猜猜看CC畫的這兩張圖我把他拿來作成那一個作品了？答案就在── P.93、P.102、P.103

工作桌上的亂亂保留區，常常意外的發現從來不會想要搭配在一起的顏色，竟然如此的美麗！這是不收拾的藉口嗎？哈！哈！

這個後來才加入我的工作桌的小小收納櫃，所有的小小材料一目了然，好用的不得了，等我由手作素人變身手作達人就要跟老公申請更大的收納櫃，然後再申請一個專用工作室，忍不住開始做夢起來……

美麗的緞帶，美麗的放在一起，看著看著心情忍不住愉快了起來。

材料工具

不織布

碎布

麻布、胚布

各式珠珠

繡線

毛線

鈕扣

各式別針、底座

大小包扣

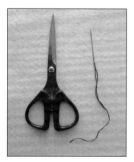

針、剪刀

白膠、熱溶膠

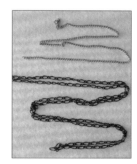

金屬鍊

刺繡針法

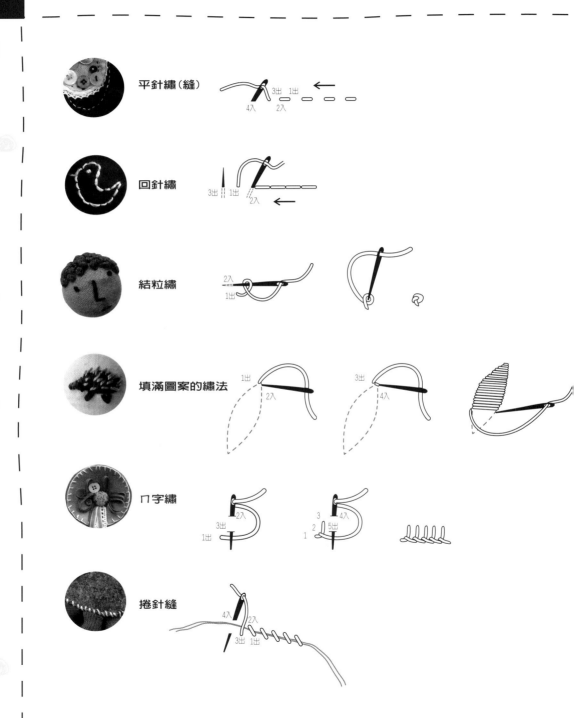

平針繡（縫）

3出　1入
4入　2入

回針繡

3出　1入
2入

結粒繡

2入
1出

填滿圖案的繡法

1出
2入

3出
4入

ㄇ字繡

2入
3出
1出

3　4出
2　5出
1

捲針縫

4入　2入
3出　1入

胸花底座的作法

剪一個大小適合的圓形。

將別針縫上。

用捲針縫將別針縫上。

胸花底座的別針有很多選擇，除了基本款的別針之外，還有已經附有圓形底座的別針，只要用熱溶膠直接黏上即可。如果要方便將胸花夾在包包或是當髮飾，可以將夾子也用熱溶膠黏在底座上。當然！你也可以將別針、夾子一起黏好或縫好，這樣就更方便使用啦！

でき た！

Point

●每一朵胸花的大小略有差異，底座的圓形大小，以能遮住接合處或是縫合線等為依據，這裡的圓形為直徑4公分可以此為參考，調整大小。

●圓形底座盡量挑同色系材質較厚的布料。

●別針可縫在圓的1／3處，這樣可以避免胸花因為重量的關係正面往下垂。

●縫上底座時記得要挑同色系的線喔！（為了讓你看得清楚這裡用了反差大的顏色）

花花在哪裡？

請畫出一朵花

如果請每個人隨意地畫出花朵，

我想大多數的人一定很快速

又自信的畫出這種花花基本款。

化妝包上的圖案、10圓的錢幣上，

到處可見的小花朵裡，

就這樣！不經意的小地方，

藏著大大的樂趣。

一起來找找，

還有什麼舊瓶新裝的手做樂趣！

花花也有基本款——銅板花

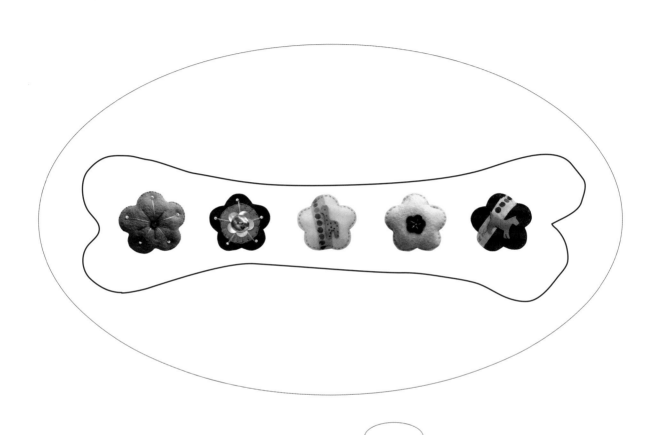

Wa!
Wa!

My name is Doody
I like cake
I like cookie
I like apple
I like CC

 My name is CC

 I like cake

I like cookie

I like apple

I like Doody

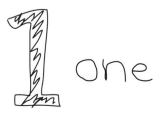 one

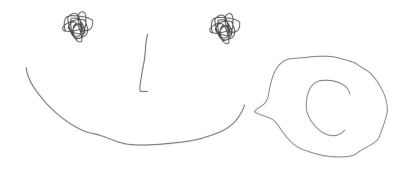

2 two

3 three

南瓜花花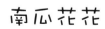

花花基本步驟

將花花圖形用白膠黏在不織布上，剪下花型。

準備2片花型疊好。

用平針縫將2片花花縫合。

預留空間塞入棉花。

縫合，完成！

Point

● 這朵胸花要作的好，第一關鍵是要有耐性地剪出細緻的花型！

● 將花花圖形用白膠黏在不織布上時，記得薄薄的塗上一層能固定紙張就好，太多白膠在不織布上會增加縫針的困難。你也可以選擇直接用別針將圖形固定在不織布上。

● 塞棉花時，要少量少量的塞入，這樣完成的花型才會均勻漂亮！

● 記得要將鈕扣縫的緊一點，讓表面有凹凸感，這樣會更有扎實感！

鈕扣縫的不夠緊

表面有凹凸感

花花作品步驟

淺綠花花

材料

不織布、繡線、針

步驟

1. 用平針縫完成花花基本步驟。
2. 再將小花形放置中心點後，針由背後中心點往上至小花瓣的中間，成放射狀。
3. 最後回到小花形的中心點後打個結，再回到背面打結固定。
4. 完成胸花底座。

綠花花

材料

不織布、鈕扣、繡線、針

步驟

1. 用捲針縫完成花花基本步驟。
2. 針由背後中心點往上至小花瓣的中間，再回針上來把珠珠固定縫好，回到花花的中心點。
3. 將5組花蕊縫好後，再換另一顏色繡線，同樣方法縫好後，中間縫上鈕扣，完成。
4. 完成胸花底座。

How to make

藍花花

材料

不織布、貝殼扣、鈕扣、小圓珠、繡線、針、熱溶膠

步驟

1.將3.5公分圓形布用ㄇ字繡固定縫好。
2.2片花形用平針縫組合縫好，完成花花基本步驟。
3.針從背後中心點由上往下縫至花瓣的中間，再回針上
　 來把珠珠固定縫好，回到花花的中心點。
4.貝殼扣排成花型，用熱溶膠固定後中間縫上鈕扣。
5.縫上胸花底座。

點點緞帶花花

材料

不織布、緞帶、長頸鹿飾品、狗狗飾品、繡線、針
熱溶膠

步驟

1.緞帶平針縫於花形上，多出的緞帶往內摺後再將2片
　 花形用平針縫組合縫好，完成花花基本步驟。
2.熱溶膠黏好飾品，縫上胸花底座。

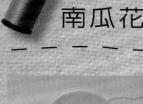

南瓜花花基本步驟

將9公分圓形布沿邊0.5公分平針縫。

平針縫稍微拉緊後塞入棉花，塞滿後拉緊打結。

將圓球形狀整理飽滿，針由圓形背後中心點，由上往下繞回中心點。

南瓜花花

材料

9公分圓形布、彩色木珠、包扣串珠飾品、針、線、熱溶膠

平均6等份，對稱固定後打結。

Point

●塞入棉花時要塞的飽滿，但不要太緊繃，保留一點空間，這樣用針壓出花瓣時才會有凹陷感，也才能清楚的製作出一片片花瓣的感覺！

在把裝飾品用熱溶膠固定在中心點，完成！可依喜好作成髮夾、髮帶或別針。

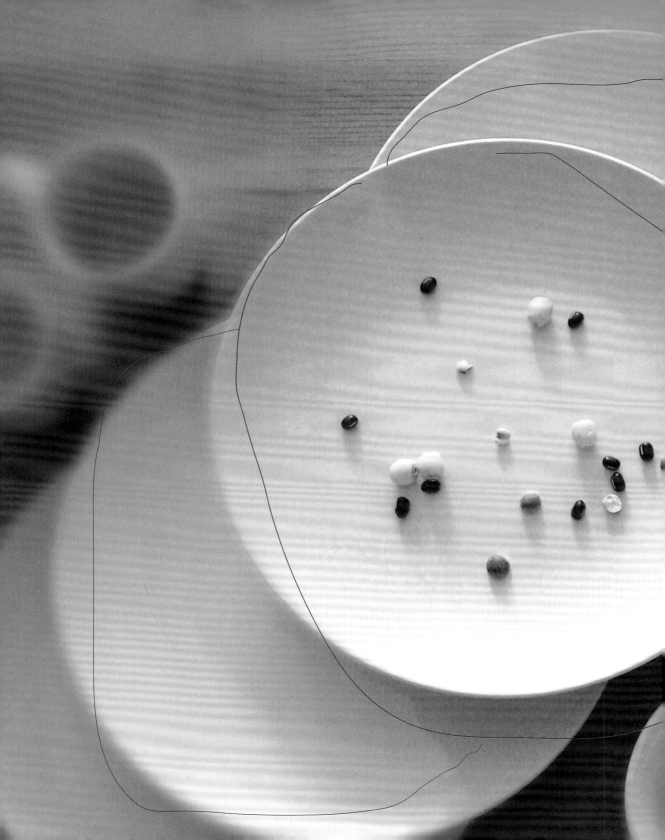

簡 單 不 簡 單

圓形，這個簡單又飽滿的圖形

簡單卻能有無數的變化

試試看就能感受到這種單純的魅力，

感受這── 簡 單 中 的 不 簡 單 !

鈕扣盤子

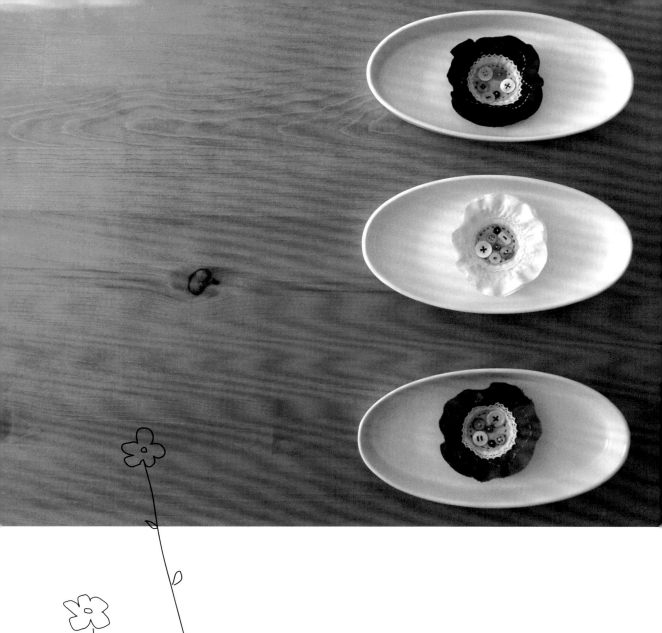

花花的鈕扣盤子

製作這三朵花花最大的樂趣在於── 一點點曲線的變化卻可
以造成每片花瓣不同的立體呈現，變成一朵獨特的胸花！

盡情的旋轉

條紋布旋轉會讓整朵胸花
看起來更加地活潑！

抹茶碟子

細膩收藏

微透的絲質
層層疊疊出淡淡的顏色
黑蕾絲更加層次
圓圓的小珍珠、方方的貝殼串
全部都是最愛

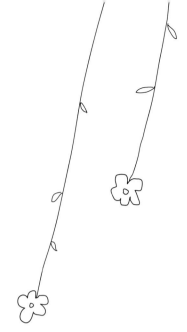

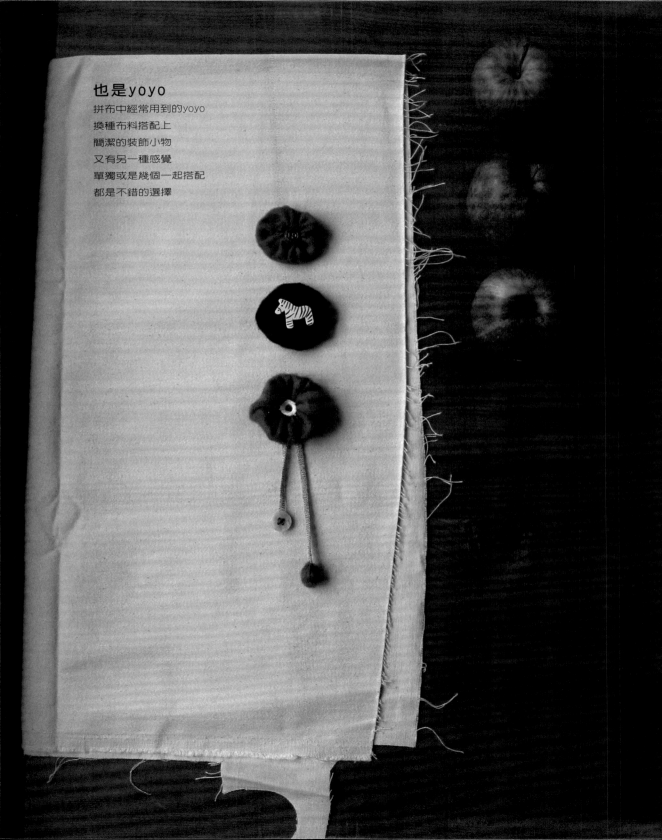

也是yoyo

拼布中經常用到的yoyo

換種布料搭配上

簡潔的裝飾小物

又有另一種感覺

單獨或是幾個一起搭配

都是不錯的選擇

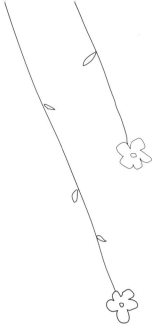

紗點點

不同質感的交疊是一大樂趣
隱約中露出的點點紗、隱約中透出的麻
因為空氣流動而飄飄然的白羽毛、
搖晃出紅的、白的珊瑚扣
是若有似無的樂趣

圓形基本步驟

 大小圓形垂直重疊

 相同圓形垂直重疊

 相同圓形錯開重疊

相同圓形垂直重疊

相同圓形不規則重疊

單圓形

相同圓形垂直重疊

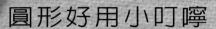

圓形好用小叮嚀

如果一時找不到圓規，可以利用手邊現有的圓形物件，找出喜歡的
大小來搭配即可，例如圓形的小護士藥膏就是4.5公分，只要再找
個比它小一點的圓形來描圖，很輕鬆的就可把鈕扣盤子的大小尺寸
的圓形都準備好了！

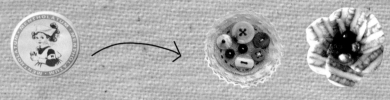

這兩款胸花4.5公分的圓，都是小護士
貢獻出來的！

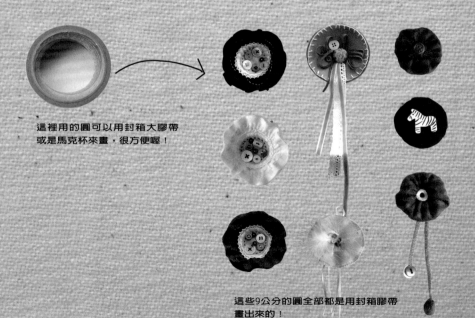

這裡用的圓可以用封箱大膠帶
或是馬克杯來畫，很方便喔！

這些9公分的圓全部都是用封箱膠帶
畫出來的！

圓形作品步驟

鈕扣盤子

材料

深色麻布直徑3.5公分（1片）、淺色麻布直徑4.5公分（1片）、白色蕾絲緞帶、各色鈕扣數個、米色、暗紅色繡線、針、剪刀

步驟

1. 將2片圓形麻布中心點對齊。
2. 暗紅色繡線沿著直徑3.5公分圓形（外圍0.3公分）處，將2片圓形用平針縫1圈，組合好。
3. 將蕾絲緞帶用米色繡線沿著直徑4.5公分圓形（外圍0.3公分）處，用平針縫合1圈。
4. 在將各色大小鈕扣先排出適合的位置，確定後再縫合。
5. 完成胸花底座即可。

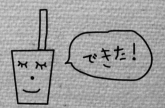

できた！

黑黑の鈕扣盤子花

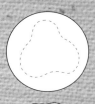

材料
黑色布直徑9公分（3片）、粉紅色繡線、針、剪刀

步驟
1.將3片圓形布用粉紅色繡線、平針縫出不規則曲線1圈
2.把曲線略為拉緊，讓布看起來更有立體感。
3.最後將3片布中心對齊縫好固定後，再加上鈕扣盤子別針縫合。
4.完成胸花底座即可。

粉粉の鈕扣盤子花

材料
粉紅色格子布直徑9公分（3片）、米色繡線、針、剪刀

步驟
1.將3片圓形布用米色繡線、平針縫出規則曲線2圈
2.把曲線略為拉緊，讓布看起來更有立體感。
3.最後將3片圓形布中心對齊，再加上鈕扣盤子別針縫合。
4.完成胸花底座即可。

紫紫の鈕扣盤子花

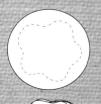

材料
紫布直徑9公分（3片）、紫色繡線、針、剪刀

步驟
1.將3片圓形布用紫色繡線、平針縫出不規則曲線1圈
2.把曲線略為拉緊，讓布看起來更有立體感。
3.最後將3片圓形布中心對齊，再加上鈕扣盤子別針縫合。
4.完成胸花底即可。

盡情的旋轉

材料

條紋毛料布直徑4.5公分（6片）、藍紗緞帶、咖啡色兔毛球、圓珠數個、針、剪刀、熱溶膠

步驟

1. 將6片圓形條紋毛料布延順時鐘方向一片一片旋轉疊好後縫成一圈。
2. 藍紗緞帶約繞3公分大小3圈縫於中心點。
3. 依序將咖啡色兔毛球、圓珠先排出適合的位置，確定後再用熱溶膠黏合。
4. 為了不讓胸花有散開攤平的感覺，可在胸花背後2片圓形布重疊處拉攏，用熱溶膠黏好讓正面花形看起來更集中。
5. 完成胸花底座即可。

抹茶碟子

材料

墨綠色不織布直徑9公分（3片）、綠色絨布緞帶、米白色蕾絲緞帶、細墨綠色緞帶、鈕扣、包扣、米色繡線、針、剪刀、熱溶膠

重疊2.5公分

步驟

1. 將不織布剪出半徑後，布與布重疊2.5公分，讓圓形布有立體感。
2. 將3片布錯開後，在中心點對齊縫合。
3. 把細墨綠色緞帶往4根手指頭繞5圈，中心點用繡線綁好。
4. 用熱溶膠依序將綠色絨布和米白色蕾絲緞帶、細墨綠色緞帶、包扣黏在圓形中心點。
5. 在將大小鈕扣先排出適合的位置，確定後再黏合。
6. 完成胸花底座即可。

細賦收藏

材料
米色7.5公分圓形布（9片）、黑紗蕾絲7.5公分圓形布（3片）、
鈕扣、珍珠、貝殼鍊、針、線、剪刀、白膠

步驟
1. 將5片米色圓布及2片黑紗蕾絲（參下圖），對摺固定縫好，圓布對摺時
   不用整齊對摺有點錯開或是小皺褶都可以增加活潑和立體感。
2. 按照圖示的順序將對摺及未對摺的圓布固定縫好，組合這朵胸花時，
   以不離一個圓形為基礎，並且正面看時能看到每一片布，所以適當的
   錯開，更能製造出多層次花瓣的美感。
3. 縫上鈕扣並用白膠將珍珠固定黏好。
4. 背後縫上貝殼鍊。
5. 完成胸花底座即可。

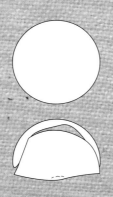

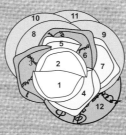

1、2、3、4、5、3、7
為對摺

也是yoyo

材料

桃紅色9公分圓形布（1片）、
黑色9公分圓形布（1片）、
紫9公分圓形布（1片）、
圓形蕾絲、鈕扣、木頭斑馬飾品、
水晶珠、圓形珠、針、線、熱溶膠

步驟

1. 將9公分圓形布沿邊0.5公分平針縫後拉緊固定。
2. 將裝飾小物用熱溶膠黏好固定完成。

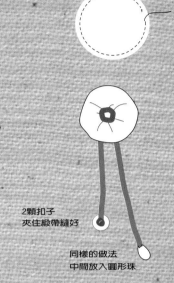

2顆扣子
夾住緞帶縫好

同樣的做法
中間放入圓形珠

紗點點

材料

米色麻布直徑9公分（1片）、
粉橘圓點紗直徑9公分（2片）、
白色羽毛2根、
貝殼、紅珊瑚釦數個、
駝色、淡藍色細緞帶、
米色、暗紅色繡線、針、剪刀

步驟

1. 分別在3片圓形布的中心點抓出縐褶固定縫好。
2. 依序將圓點紗、麻布、圓點紗重疊後，中心對齊縫合。
3. 將羽毛，扣子縫於中心點。
4. 再將緞帶對摺縫在最後面。
5. 完成胸花底座即可。

中心點抓出皺褶
固定縫好

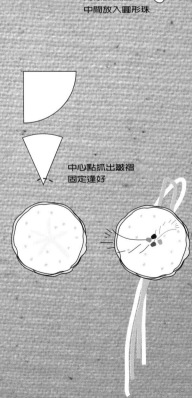

45

記憶裡的縐紋紙花

記憶也可以更新update

還記得小時候布置教室的紙花嗎？

這項「古老的技藝」即將大變身，

選幾款喜愛的布料，

放首喜愛的音樂配上簡單重複的動作。

這美好的組合

將會帶給你安定心靈的功效喔！

記憶裡的紙花

是母親節吧！

記憶裡這可是一年一度大事，

紅色的皺紋紙，黏呼呼的漿糊

放學回家時總是特別興奮‧‧‧‧

做著胸花時，那一段離開我很久的記憶

又慢慢的慢慢的‧‧‧‧ 回來了‧‧‧‧

有著正反面不同花色的布料
一塊布就可完成這朵花。

溫暖組合
即使是簡單的方法，也能有優雅的表現。

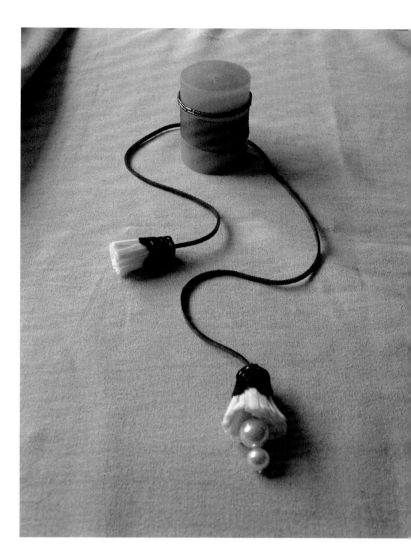

蕾絲綴飾

是繞個圈圈

還是綁個可愛蝴蝶結呢？

總之‧‧‧‧想要繞在哪裡

就繞在哪裡吧！

記憶紙花基本步驟

準備一長方形布條。

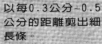

以每0.3公分~0.5公分的距離剪出細長條。

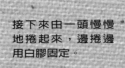

將白膠沿邊塗上後布條重疊黏好。

接下來由一頭慢慢地捲起來,邊捲邊用白膠固定。

乾了之後,把再用剪刀修飾過長的部分,將花型整理好。

Point

● 別太在意這0.3~0.5公分的距離,有一點誤差,視覺上是看不太出來的!

● 這款胸花的有趣之處,在於布料的搭配、顏色順序、布條長短的不同就能變化出更多的款式。

● 2塊不織布黏合時,因為材質較厚的關係,用白膠要較多的時間等待,可用薄薄的熱溶膠黏合,立即完成!

記憶紙花好用小叮嚀

有些手工材料行，甚至還可以找到連
「剪」這個步驟都可省略的超好用緞
帶，這個時候只要開心的挑選出喜歡的
顏色作搭配，夠方便吧！

有些條紋布只要按著它的間隔剪，就可
以得到多重顏色的效果，直的剪、橫的
剪，都能有不同的趣味性。

記憶紙花作品步驟

1

2

3

4

記憶裡的紙花

作品1

花布30×4公分（1片）

黃色不織布30×4公分（1片）

白色不織布30×4公分（1片）

紫色圓珠、線、針、剪刀、白膠

步驟

1. 依序將白色不織布、花布、黃色不織布，按著紙花基本步驟操作即可完成。
2. 中心黏上紫色圓珠。
3. 完成胸花底座即可。

作品2

咖啡色布45×4公分（1片）

圓點點45×4公分（1片）

鈕扣、線、針、剪刀、白膠

步驟

1. 將2片布條先完成紙花基本步驟。
2. 中心黏上鈕扣。
3. 完成胸花底座即可。

作品3

黑白條紋布45×4公分（1片）

灰色不織布30×4公分（1片）

紅色毛線、白色圓珠

線、針、剪刀、白膠

步驟

1. 將2片布條先完成紙花基本步驟。
2. 剪幾段長約3.5公分的毛線，中間綁緊，後用白膠黏於中心點。
3. 中心黏上白色圓珠。
4. 完成胸花底座即可。

作品4

白色不織布30×4公分（1片）

毛線少許、鈕扣、線、針、剪刀、白膠

步驟

1. 將毛線剪成4.5公分的線段，用白膠平均的鋪好黏在白色不織布上。
2. 完成紙花基本步驟。
3. 中心黏上鈕扣。
4. 完成胸花底座即可。

できた！

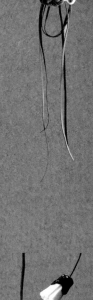

溫暖組合

材料

不織布(咖啡、灰、白)12.5×9公分(3片)
不織布葉子5.5×3公分(1片)
細緞帶灰、咖啡2色
線、針、剪刀、白膠或熱溶膠

步驟

1. 將所有不織布對摺後，再將布條完成紙花基本步驟。
2. 將三組不織布組合好，再將葉子、緞帶用白膠或熱
   溶膠黏好。
3. 完成胸花底座即可。

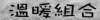

緞帶的繞法

蕾絲綴飾

材料

白色不織布22公分×3.5公分(2片)
紫色皮革緞帶70公分、黑色蕾絲緞帶
圓珠、線、針、剪刀、白膠或熱溶膠

步驟

1. 白色不織布完成紙花基本步驟時，將皮革緞帶一頭
   包在白色不織布裡再慢慢的捲好，邊捲邊用熱溶膠
   黏好。
2. 一大一小圓珠用繡線串好，將另一頭黏入不織布捲
   的中心。
3. 用白膠或熱溶膠，將黑色蕾絲緞帶繞著不織布捲一
   圈黏好固定，完成。

接下來看到的這些作品，
其實使用到的只有一種方法
材質的不同、配件的不同，
搭配出無數種的可能性
一起來試試看！
像萬花筒樣有趣的花花世界吧！

萬花筒般
有趣的花花世界

每當我削著彩色鉛筆

一圈又一圈像溜滑梯樣

溜進我眼底的鉛筆屑屑

紅的、黃的、藍的……交錯的色彩

就像……萬花筒般，有趣的花花世界啊！

珠寶盒

這是個非常快速可完成的胸花，
找到適當寬度的緞帶，不需幾分鐘即可完成。
同理可證，如果有適當大小的美麗髮帶加其他的飾品，
沈睡在櫃子裡的飾品又會有嶄新的面貌了！

夢露圓舞曲

第一眼看到這顆的鈕扣
立刻就決定要這麼作。
這種莫名其妙直覺設計法
果然很適合女生！

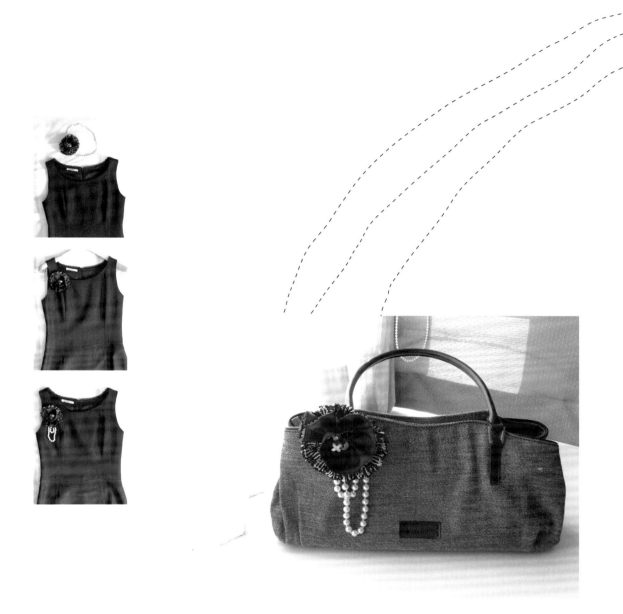

專屬星空

格子布和黑白條紋，溫柔地組合在一起，
像星星般的各式各樣材質。
貝殼、水晶、紫的、綠的，微微的透出一些光芒
是朵略帶成熟又透露出些許童心的胸花！

就是鳥窩

特意的「不修邊幅」
流露出一種輕鬆感，
紅色的扣子和淡淡暖色的包扣是重點！
因為這樣的對比，讓原本同色系的胸花
更有視覺上的趣味！

大自由

這應該算是削鉛筆花款式的自由版了
一樣的步驟，只是縫的方式更加隨意自由
如果要說有什麼要留意的
就是在組合時，感受一下胸花的平衡感和比例即可

不用的飾品，
也是好用的點綴品來源。
這裡的貝殼扣，
就是從我的項鍊拆下來的。
翻看看你的抽屜，
也許可以得到意外的驚喜喔！

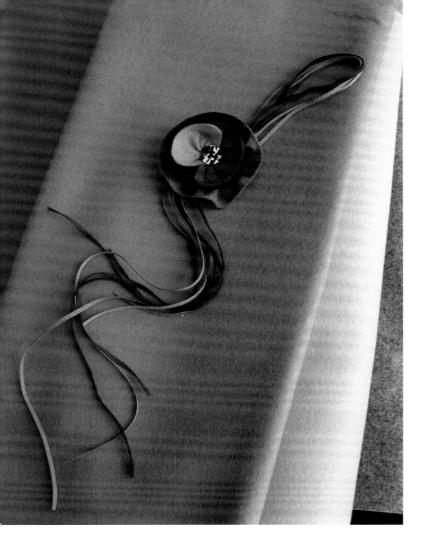

如此調和

不織布，常常使用的材質
精心搭配的色調
也能呈現出優雅的風貌

變成

最喜歡這樣、那樣都可以
所以，緞帶放下來可以
毛球放這裡、那裡也可以
立刻變成想要的樣子

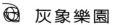 # 灰象樂園

可以可愛、可以幽默

可以大人、可以小孩

喔!那就是樂園囉!

裝飾小物件不一樣,
就能讓不織布產生完全不同的味道。

三色菫

一樣尺寸的布料、一樣的製作過程，
不知道是陽光還是風
每朵花，奇異的產生不同的表情
這就是手工創作充滿變化的樂趣吧！

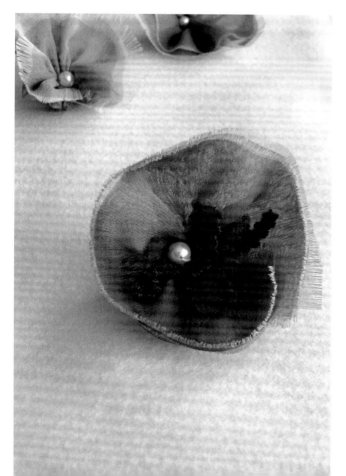

春天的記憶

這淺淺的藍、淡淡的綠，
有沒有一種似曾相識的感覺。
是啊！春天~

這種紗質布料，
可能在你的衣櫃的哪個抽屜裡就有了，
想起來了嗎？圍巾！
拿來作胸花也很美對吧！
但全部用同一種材質，看起來太柔弱，
加上另一塊布料，
看起來是不是更有精神了！

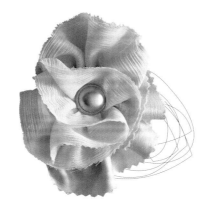

哪一個角度都好看
完成了！但或許你會有一些些疑惑……
看起來很像，又好像有一點不一樣
是長了一點、大了一點還是……
那又有什麼關係！轉一轉
尋找出一個專屬於你的美麗角度！

咖啡館

隱身在胸花背後的別針變成了主角

穿過了鏈子，然後……起了變化

長的、短的綴鍊，

因為別針，都好看了起來

錫蘭紅茶

層次和隱約穿透的樂趣，
就是這樣子吧！

MISS 朵娜

說起來還真像個甜甜圈

加點蕾絲鮮奶油

撒上毛線肉桂

然後……就會做出屬於自己的味道！

封藏祕密

是眼睛裡的祕密，藍寶石般的眼睛，
有種的內斂的氣味，是朵存在感很強的胸花。

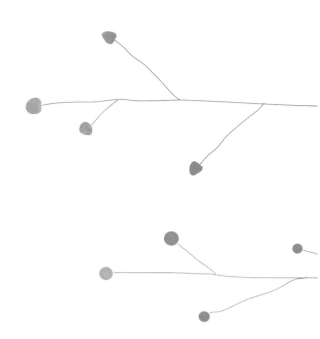

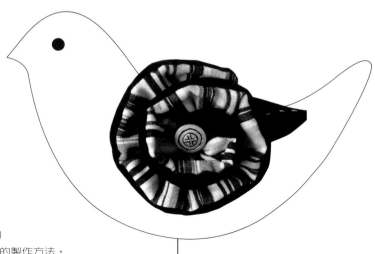

黑條渦渦

實在是很簡單的製作方法，
因為絨布的黑，條紋布扎實的配色。
看起來卻有不簡單的視覺效果，
如果把內外布料顛倒過來作搭配，
另有一種趣味！

棉花糖

一種軟軟柔柔的視覺感，即使不會編織也能輕易製作
答案就在毛衣的身上，不管是毛衣下襬或是袖口伸縮處
這種上下針的織法都很適合，做出這朵胸花！

柔軟氣氛

一小段毛線沿著布料邊邊，跳舞般的轉了一圈
柔柔軟軟的氣氛裡也有了精神起來！

削鉛筆花基本步驟

說來說去，其實，都是同一種方法。

削鉛筆花所有的作品，都是用這麼簡單的方法做出來的！

削鉛筆花基本步驟── A

準備一長方形布條，沿著邊0.5公分平針縫後。　拉緊固定。

削鉛筆花基本步驟── B

準備一長方形布條，沿著邊0.5公分平針縫後。　拉緊固定。

Point

看得出來A和B的差別嗎？步驟B平針縫的線條，頭尾是曲線，拉緊後，布條也會成曲線彎進中心點。

できた！

削鉛筆花基本步驟── 對摺外側

準備一長方形布條對摺。　沿著對摺外側邊0.5公分平針縫後。　拉緊固定。

削鉛筆花基本步驟── 對摺內側

準備一長方形布條對摺。　沿著對摺內側邊0.5公分平針縫後。　拉緊固定。

削鉛筆花好用小叮嚀

這個方法也可以做出布珠項練。

同樣的步驟，再加上一點點的變化，又是一個新的作品！

準備一長布條，
背面對摺後外側
0.5公分平針縫。

翻回正面。

將圓珠放物布條
中，前後打結。

削鉛筆花作品步驟

珠寶盒

材料
桃紅色緞帶28×3.5公分、咖啡色緞帶、綠色緞帶
鈕扣、水晶珠、各式珠珠、線、針、剪刀、熱溶膠

步驟
1. 桃紅色緞帶二端相接後、完成削鉛筆花基本步驟——A。
2. 咖啡色緞帶打個蝴蝶結再將綠色緞帶隨意捉些縐褶。
3. 依序將蝴蝶結、綠色緞帶、鈕扣用熱溶膠黏好。
4. 再將水晶珠、各式珠珠排好喜歡位置後固定縫好。
5. 完成胸花底座。

夢露圓舞曲

材料
粉橘色布60×4.5公分2條
夢露鈕扣、銀色鍊、線、針、剪刀、熱溶膠

步驟
1. 2布條分別完成削鉛筆花基本步驟——A。
2. 將2朵削鉛筆花錯開固定縫好。
3. 用熱溶膠將鈕扣黏好。
4. 背後縫上銀色鍊子。
5. 完成胸花底座。

專屬星空

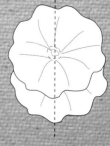

材料
咖啡色大格子布35×4.5公分、黑白花布35×4.5公分
鈕扣、水晶珠、串珠飾品、線、針、剪刀

步驟
1. 2布條分別完成削鉛筆花基本步驟——A。
2. 將2份削鉛筆花同中心點固定縫好。
3. 將鈕扣、水晶珠、串珠飾品等擺好位置固定縫好。
4. 完成胸花底座。

就是鳥窩

作品1

麻布55×5公分、米白色布30×1.5公分、黑色緞帶24公分
米色緞帶30公分、包扣、鈕扣、黑色繡線、針、剪刀、熱溶膠

步驟

1. 將麻布條、黑色緞帶分別完成削鉛筆花基本步驟——A。
2. 米白色布在中間處用黑色繡線平針縫後，隨意捉些縐褶固定縫好。
3. 依序將米白色布、黑色緞帶、麻布先按層次排好後縫好固定。
4. 再將包扣(包扣做法請參照P106)、鈕扣用熱溶膠黏好。
5. 將米色緞帶對摺後縫好。
6. 完成胸花底座。

1

作品2

咖啡色布60×4公分、麻布30×1.5公分、墨綠色緞帶14公分(前)
15公分背後緞帶、包扣、線、針、剪刀、熱溶膠

步驟

1. 將咖啡色布、墨綠色緞帶完成削鉛筆花基本步驟——A。
2. 麻布在中間處用黑色繡線平針縫後，隨意捉些縐褶固定縫好。
3. 依序將麻布、墨綠色緞帶、咖啡色布先按層次排好後固定縫好。
4. 再將包扣用熱溶膠黏好。
5. 將墨綠色緞帶縫好，完成胸花底座。

2

大自由

材料

白色胚布28×4公分、黑色布15×4公分、黑白條紋布15×4公分
黑蕾絲布20×4公分、桃紅色緞帶12公分、黑色細布條3條
貝殼扣數個、線、針、剪刀

步驟

1. 一樣是削鉛筆花的基本步驟，但平針縫時可以長長短短、不規則
曲線的縫，當你拉緊時會發現皺褶的大小和曲線有了趣味的變化。
2. 在組合時，注意一下各個布條的平衡感和比例。
3. 縫上貝殼扣及背後的黑色細布條。
4. 完成胸花底座。

如此調和

材料

黃色不織布5×3公分、紅色不織布9×3公分
咖啡色不織布18×3公分、綠色不織布26×3公分、咖啡、灰
橘、藍色緞帶各90公分、鈕扣、線、針、剪刀

步驟

1. 將紅色、黃色2片不織布的兩端剪出圓角後，每1片不織布分
   別完成削鉛筆花基本步驟──A。
2. 依序排好位置，確定後用熱溶膠固定。
3. 將鈕扣放於中心點縫好，緞帶對摺後於胸花背後固定縫好。
4. 完成胸花底座。

變成

材料

黃色不織布25×3公分、白色不織布14×3公分
咖啡色不織布18×3公分、綠色不織布17×3公分
白色，淡綠色毛線少許、包扣、兔毛球、線、針、剪刀、熱溶膠

步驟

1. 將每1片不織布分別完成削鉛筆花基本步驟──A。
2. 先咖啡色不織布和黃色不織布卡在一起。
3. 再將白色不織布放入咖啡色不織布和黃色不織布中間，再將綠
   色不織布放入咖啡色不織布和黃色不織布中間，排好位置後用
   熱溶膠固定。
4. 用2根手指分別將白色和淡綠色毛線纏成5圈後於中心點綁緊，
   將毛線縫入中心點，再用熱溶膠將包扣固定黏好。
5. 將蕾絲緞帶一頭和兔毛球縫好，一頭在胸花背後縫好。
6. 完成胸花底座。

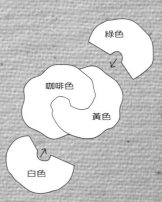

綠色
咖啡色
黃色
白色

灰象樂園

材料
黃色不織布5×3公分、紅色不織布9×3公分
灰色不織布23×3公分、水藍不織布11×3公分
深藍不織布26×3公分、大象飾品、線、針、剪刀、熱溶膠

步驟
1.將每1片不織布完成削鉛筆花基本步驟——A。
2.先將灰色不織布和深藍色不織布卡在一起，
　再將水藍色不織布放入兩色中間。
3.紅色、黃色不織布排好位置後，全部用熱溶膠固定。
4.將大象飾品放於中心點用熱溶膠固定。
5.完成胸花底座。

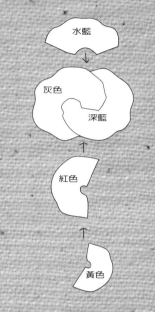

水藍
↓
灰色
深藍
↑
紅色
↑
黃色

三色堇

材料
橘色布21×9公分、藍色布21×9公分、紫色布21×9公分
深紫色布4×1公分(3片)、珍珠、線、針、剪刀

步驟
1.完成削鉛筆花基本步驟——對摺內側。
2.將珍珠縫入花的中心點。
3.也可以在縫珠珠前再加入一些長條狀的小碎布，
　這樣會顯得活潑有變化。
4.完成胸花底座。

でき た！

春天的記憶

材料

淡綠色布22×9公分、淡藍色布22×9公分
米色布40×4公分、黃色緞帶80公分、
鈕扣、線、針、剪刀

步驟

1. 將淡綠、淡藍布完成削鉛筆花基本步驟——對摺內側，
   只需縫直線如右圖。
2. 米色布也完成削鉛筆花基本步驟——A。
3. 排好位置固定縫好。
4. 將鈕扣縫入中心點，緞帶於胸花背後固定縫好。
5. 完成胸花底座。

咖啡館

材料

咖啡色格子布25×10公分（2片）
黑紗蕾絲布8×1.5公分（1片）
別針、鈕扣數個、深色鍊、
線、針、剪刀、打火機

步驟

1. 將2片格子布以一邊6公分、一邊4公分不等邊對摺後，
   完成削鉛筆花基本步驟——對摺內側，只需縫直線如
   右圖。
2. 2片完成布，上下排好位置後固定縫好，
   用打火機沿著布邊燒。
3. 黑色蕾絲布隨意捉皺摺後縫入中心點。
4. 將鈕扣排好位置固定縫入中心點。
5. 把深色鏈放入別針中，再將別針別上去。
6. 完成胸花底座。

6公分 ↕
對摺內側 　　　　　4公分 ↕

短的在前面，長的在後面

錫蘭紅茶

材料

暗紅色條紋布55×10公分、絨毛緞帶70公分

暗紅色緞帶90公分、水晶珠鍊

鈕扣、線、針、剪刀、打火機

步驟

暗紅色緞帶用繞8字
的方式,繞成花形

1. 將條紋布以一邊6公分一邊4公分不等邊對摺後,完成削
   鉛筆花基本步驟──對摺內側,只需縫直線如右圖,6公
   分長的面向前。
2. 用打火機沿著布邊輕輕的燒一圈。
3. 將絨毛緞帶用3根手指頭繞6圈,中心點用繡線綁好縫入
   中心點後將圈圈展開。
5. 依序將水晶珠鍊、鈕扣縫入中心點。
6. 將暗紅色緞帶邊繞成花形邊用熱溶膠黏在胸花背後。
7. 完成胸花底座。

黑森林

對摺外側

材料

黑色毛料布18×6公分、貝殼鈕扣

線、針、剪刀、熱溶膠

步驟

1. 完成削鉛筆花基本步驟──對摺外側後固定縫好。
2. 貝殼鈕扣用熱溶膠黏於中心點後縫於項鍊上,完成!

Miss 朵娜

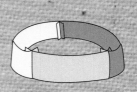

材料

米色麻布12×6公分、小花布7×6公分
點點布9×6公分、毛線、鈕扣數個
白色蕾絲緞帶、咖啡色緞帶、線、針、剪刀

步驟

1. 將3種布橫的相接成1圈。
2. 翻至正面後往內對摺成3公分寬，完成削鉛筆花基本
   步驟——A。
3. 白色蕾絲緞帶完成削鉛筆花基本步驟——A。
4. 毛線用2根手指纏成數圈後於中心點綁緊。
5. 依序將白色蕾絲緞帶、毛線、鈕扣縫入中心點。
6. 於胸花背後縫入緞帶，完成胸花底座。

對摺外側
內平鋪少量的棉花（圖一）

封藏秘密

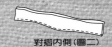

對摺內側（圖二）

材料

灰色絨布50×9公分、藍底紅點點布20×9公分
綠白混色毛線少許、鈕扣、深色鍊、熱溶膠
線、針、剪刀

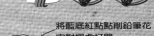

將藍底紅點點削鉛筆花
由對摺處打開

步驟

1. 將灰色絨布對摺後，內平鋪少量的棉花，看起來有些微
   的蓬鬆感即可，完成削鉛筆基本步驟—— 對摺外側。
2. 藍底紅點點布完成削鉛筆花基本步驟—— 對摺內側，
   但只需縫直線（如圖二）。
3. 綠白混色毛線用3根手指頭繞約10圈後，如圖示打結
   後，剪開備用。
4. 將完成的藍底紅點點布由對摺處打開，固定縫在灰色
   絨布削鉛筆花上如圖示。
5. 將毛線花用熱溶膠黏於灰色絨布中、再將鈕扣排好位
   置固定後縫入中心點。
6. 將深色鍊縫在胸花背後，完成胸花底座。

將毛線花黏於此處

點狀縫於灰色絨布上

深色鍊中間繞2圈

黑條渦渦

材料
黑色布40×4.5公分、條紋布40×4.5公分
鈕扣、線、針、剪刀

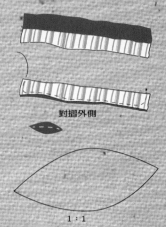

步驟
1. 將黑色和條紋布橫向縫合（如右圖），完成削鉛筆花基本步驟——對摺外側。
2. 將鈕扣縫入中心點。
3. 黑色布剪出葉子形狀在葉面上平針縫出葉脈後，縫於胸花背後，完成胸花底座。

對摺外側

1：1

棉花糖

材料
白色毛料布26×8公分、白色毛料緞帶、線、針、剪刀

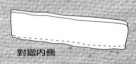

對摺內側

步驟
1. 將毛料布完成削鉛筆花基本步驟後——對摺內側，但只需縫直線（如右圖）。
2. 將緞帶縫於胸花背後，完成胸花底座。

緞帶的繞法

柔軟氣氛

材料
白色毛料布36×10公分、毛線、毛線包扣、圓珠、線
針、剪刀、白膠、熱溶膠

對摺內測

步驟
1. 將毛料布完成削鉛筆花基本步驟後——對摺內側，但只需縫直線（如右圖）。
2. 在胸花頂端用白膠將毛線滾邊固定黏好。
3. 將毛線包扣（請看P97毛線包扣作法）、圓珠用熱溶膠固定，完成胸花底座。

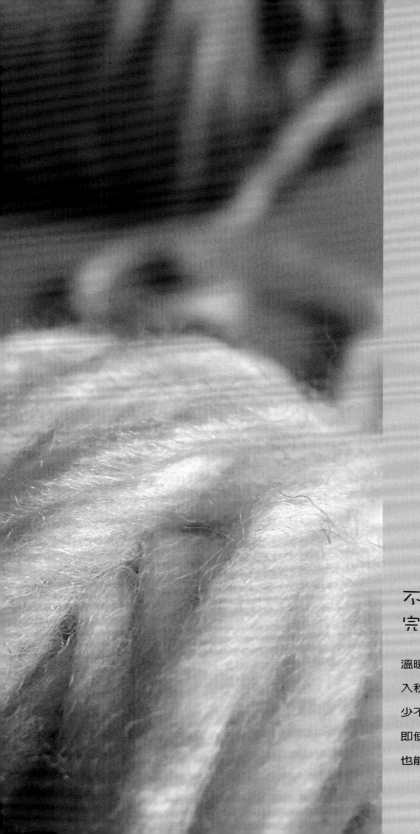

不會編織，也能
完成的溫暖飾品

溫暖觸感、豐富的色彩

入秋的第一刻

少不了一件毛絨絨的配件

即使是簡單的繞圈圈

也能做出美麗的飾品！

南十字星

這朵溫暖又大方的花形胸花，
搭配上素色的高領毛衣
就如它的名字般，非常耀眼
更令人驚喜的是它非常容易製作
簡單到……連根針都沒使用到喔！

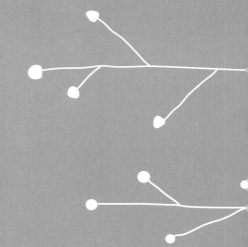

加上亮晶晶的飾品點
綴,華麗感直線上升!

魔法般的禮物

可以當胸花、可以當頸鍊、可以很內斂、也可以很華麗,
這樣豐富的變化,像個魔法般的禮物!

毛茸茸

毛茸茸的包扣，
可以當鈕扣、別針、項鍊、耳環……
自由自在的排列變化，
加上毛茸茸的毛線球，
瞬間！都活潑了起來

皇家香氣

這顆金光閃閃的鈕扣，可是有歷史的，
因為有歷史，所以真的記不得是從哪件大衣上掉下來的，
這樣氣勢輝煌的別針，靈感來自於……女兒的隨手塗鴉
所以啊！鈕扣可以再利用，塗鴉也能發揚光大！

毛線花基本步驟

注意到了嗎？你沒有用到針就完成了一朵胸花喔！

準備一張寬6公分的厚紙片。

毛線繞50圈。

剪一段毛線穿過毛線圈中間。

拉緊固定。

將毛線圈攤平整理出均勻的花形，完成！

Point

●這款毛線花，因為材質的特性呈現出一種輕鬆感。所以，毛線圈數能表現出不同的感覺，例如當毛線圈為30圈時感覺太鬆散，100圈時又太厚重。

●因為毛線有粗細和材質的差異，可以此為參考的依據再作調整。

●有些毛線材質較鬆散，再綁毛線圈拉緊時容易斷裂，這時可以用繡線來取代。

30圈

50圈

100圈

毛線花好用小叮嚀

購買毛線時，選擇多色混合的毛線，會使作品看起更豐富扎實，並且省去配色的問題。顏色漸層的毛線，色彩變化豐富，只要取出其中一段毛線的顏色，即使只購買一捲毛線，也可以有多種的色彩使用，一舉數得喔！

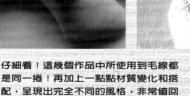

仔細看！這幾個作品中所使用到毛線都是同一捲！再加上一點點材質變化和搭配，呈現出完全不同的風格，非常值回票價！

毛線花作品步驟

南十字星

材料

咖啡綠混色毛線、寬6公分的厚紙片白色不織布圓形3公分（2片）、深灰不織布、淺灰不織布、水藍色不織布圓形2.5公分、白色貝殼珠、白膠、熱溶膠

步驟

1. 毛線繞約50圈，依毛線粗細不同圈數也須做調整，完成毛線花基本步驟。
2. 2片白色圓形不織布用白膠對齊黏好，水藍色圓形不織布黏在後面，露出一點顏色即可。
3. 深灰、淺灰十字花形不織布錯開黏好，最後再將白色貝殼珠用熱溶膠黏好。
4. 完成胸花底座。

毛茸茸

材料

綠色漸層毛線、寬3.5公分的厚紙片

步驟

1. 毛線繞約200圈，依毛線粗細不同做調整，完成毛線花基本步驟。
2. 將毛線圈剪開，用剪刀修剪出圓形，完成！

魔法般的禮物

材料

紅色混色毛線、寬4公分的厚紙片、黑色蕾絲緞帶、耳環、針、線

步驟

1. 毛線繞約50圈，依毛線粗細不同圈數也須做調整，完成毛線花基本步驟。
2. 將毛線花整理出蓬鬆感，一高一低縫上耳環，看起來會更活潑。
3. 背後縫上黑色蕾絲緞帶，緞帶的長度要以能綁住頸子為依據。
4. 完成胸花底座。胸花別針可使用活動式，方便拆下或別上，這樣既可當胸花又可當頸鍊。

皇家香氣

材料

白色毛線、寬4.5×5.5公分白色不織布（2片）、兔毛球、橘色緞帶15公分、金色扣子、淡黃色圓珠、熱溶膠、針、線

步驟

1. 2片不織布重疊用白膠黏好，再將白膠塗滿二面不織布
2. 將毛線一圈一圈直向繞滿黏好，再橫向繞滿黏好。
3. 將橘色緞帶完成縮花基本步驟——B（P78），再將扣子縫上緞帶。
4. 依序將兔毛球縫上、緞帶扣子和珍珠用熱溶膠黏好。
5. 完成胸花底座。

毛線包扣基本步驟

在包扣上塗上一層白膠。

在包扣上塗上一層白膠。

捆上幾圈毛線。

捆上幾圈毛線。

邊旋轉邊捆上毛線。

以 * 字順序捆上毛線。

直到包扣整個被毛線包住，扣上後蓋完成！

直到包扣整個被毛線包住，扣上後蓋完成！

My
Button

屬 於 自 己
專 屬 的 鈕 扣

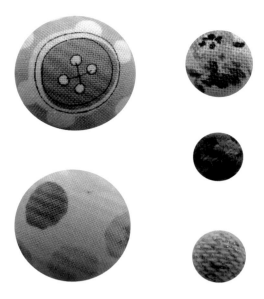

讓喜愛的花布成為喜愛的鈕扣。

著迷於製作一些簡單的臉形，
五官的細微變化，
總是讓我覺得十分有趣。

拿起針來縫東西，
常常會有不小心而產生的意外好效果，
十分珍惜這些可貴的歪七扭八線條。

小小舞台上
上演著細膩蕾絲、
美麗的緞帶、晶瑩的水晶
果然……都是女生的最愛

包扣其實是非常好掌握的手作小品，
單純的可以表達布料的花色和質感，
有些玩心的，可以剪剪縫縫可愛的造型，
或是來試試將各種材料作些組合。
因為有一個小範圍作表現，
迅速就能完成一個作品。
很快地你就能感受到，
親手製作的成就感和滿足！

兩種材質的交疊，在深色布料的襯托下
蕾絲優雅的織法清楚的表現出來
10分鐘可以完成的作品
卻有很強的視覺效果和扎實感

包扣基本步驟

準備包扣。

準備比包扣直徑大約0.8公分的圓布。

沿圓邊0.3公分平針縫。

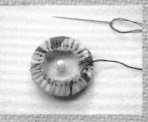

拉緊固定。

扣上後蓋,完成!

Point

●因為布料厚薄不同,可以視狀況增加圓布的大小。

●有可能平針縫拉緊後發生2種狀況,一是過短,只要蓋子蓋上不漏餡,就算過關。二是過長,那只要在內縮平針縫一次拉緊即可。

●我習慣在平針縫拉緊之後,再一次大線段的平針縫,這樣完成的包扣,布會繃的更緊,不會有些小皺褶,看起來更美麗!

包扣好用小叮嚀

製作包扣選擇布料時，可以挑選一塊布料有多種
的圖案或顏色，這樣就可以同時製做出多款不同
花色的布釦，方便做更多的搭配。

看看這塊可愛的花花布，可以做
出多少個不同花色的包扣！

包扣作品步驟

材料

各式布料

步驟

完成包扣基本步驟即可

材料

黑色布、麻布、胚布、膚色布、各色繡線、針、水消筆、噴水器、白膠

眼睛─結粒繡
(2股)
其他─回針繡
(2股)

眼睛─結粒繡
(2股)
其他─回針繡
(2股)

用填滿圖案的繡法，繡滿身體頭(2股)，再用平針繡，繡出腳和刺(2股)，最後眼睛是結粒繡(2股)

先用回針繡把圖形全部縫好後，再用填滿圖案的繡法，繡滿身體(2股)

步驟

1. 剪出適合包扣尺寸的圓形。

2. 注意因為預留的布是要包到後面去，所以先畫出包扣的面積範圍才不會發生縫好的圖超出範圍，包到背後去的意外。

3. 在畫出來的範圍內，用水消筆畫出圖形。

4. 按照圖示的針法，完成圖案製作，請參照P16針法步驟。

5. 用噴水器去除水消筆畫出的線條。

6. 完成包扣基本步驟。

PS. 一條繡線是由6條小線所組合而成，稱為6股，刺繡時視需要會用到不同股數，在這裡除非有特別註明，其他皆為一股。

1. 先用回針繡把鼻子和嘴巴繡好，眼睛是結粒繡。

2. 將綠色繡線在一根手指頭上繞幾圈，中間用同色繡線綁緊後，再將線圈剪開。

3. 剪幾段繡線用白膠黏上額頭上當瀏海，再把頭髮黏好，可以在黏好的頭髮上再塗上薄薄的白膠，這樣頭髮就會更整齊也不會有分岔或鉤到的危險啦！

1. 先用回針繡把鼻子和嘴巴繡好，眼睛是結粒繡。

2. 頭髮是結粒繡(6股)，記得彎彎曲曲的髮線看起來會更自然。

1. 先用回針繡把鼻子和嘴巴繡好，眼睛是結粒繡。

2. 頭髮是結粒繡(3股)，記得彎彎曲曲的髮線看起來會更自然。

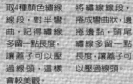

將緞帶繞出適當的大小3圈，縫好固定。

將緞帶以8字形的方式繞出適當的大小2圈，在中間縫好固定。

取4種顏色繡線線段，對半彎曲，記得繡線多留一點長度，讓蓋子可以壓過線頭，這樣會較美觀。

將繡線線段，捲成彎曲狀，邊捲邊黏，頭尾繡線多留一點長度，讓蓋子可以壓過線頭。

材料

黑色布、各色不織布、各色繡線、素色緞帶、白膠、熱溶膠、粉筆

步驟

1. 剪出適合包扣尺寸的圓形，可先用粉筆畫出包扣的面積範圍。
2. 用不織布剪出眼睛和嘴巴備用。
3. 用白膠將眼睛、嘴巴黏好，按照圖示的方法再用薄薄一層白膠將髮型黏好。
4. 完成包扣基本步驟。

材料

麻布、藍色毛料布、白色緞帶、花形蕾絲、粉橘蕾絲布、水晶、釦子、小飾品、熱溶膠

步驟

1. 剪出適合包扣尺寸的圓形。
2. 將粉橘蕾絲布縫在麻布上。
3. 白色緞帶縫在底座上，多留一點長度，讓蓋子可以壓過頭尾。
4. 完成包扣基本步驟。
5. 再將花形蕾絲、水晶、釦子、小飾品決定好位置用熱溶膠黏好。

材料

黑色布、白色蕾絲、水鑽、熱溶膠

步驟

1. 黑色布完成包扣基本步驟。
2. 白色蕾絲重疊在黑色布上完成包扣基本步驟。
3. 再用熱溶膠將桃紅色水鑽黏好，完成！

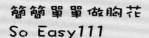

簡簡單單做胸花
So Easy111

文　字	李見見
攝　影	李見見
插　畫	李見見

總 編 輯	張芳玲
書系主編	張敏慧
文字編輯	李雅鈴
美術設計	李見見

太雅生活館出版社
TEL：(02)2880-7556　FAX：(02)2882-1026
E-mail：taiya@morningstar.com.tw
郵政信箱：台北市郵政53-1291號信箱
太雅網址：http://taiya.morningstar.com.tw
購書網址：http://www.morningstar.com.tw

發 行 所	太雅出版有限公司
	台北市111劍潭路13號2樓
	行政院新聞局局版台業字第五〇〇四號
承　製	知己圖書股份有限公司 台中市407工業區30路1號
	TEL：(04)2358-1803
總 經 銷	知己圖書股份有限公司
	台北公司 台北市106羅斯福路二段95號4樓之3
	TEL：(02)2367-2044　FAX：(02)2363-5741
	台中公司 台中市407工業區30路1號
	TEL：(04)2359-5819　FAX：(04)2359-5493

郵政劃撥	15060393
戶　名	知己圖書股份有限公司
初　版	西元2007年07月10日
定　價	270元

(本書如有破損或缺頁，請寄回本公司發行部更換；
或撥讀者服務部專線04-2359-5819)

ISBN　978-986-6952-55-5
Published by TAIYA Publishing Co.,Ltd.
Printed in Taiwan

國家圖書館出版品預行編目資料

簡簡單單做胸花／李見見作·攝影--初版—
-臺北市：太雅，2007「民96」
面；公分—（So Easy生活技能；111）

ISBN 978-986-6952-555(平裝)
1.花飾　2.家庭工藝
426.77　　　　　　96010953

掌握最新的旅遊情報，請加入太雅生活館「生活品味俱樂部」

很高興您選擇了太雅生活館(出版社)的「生活品味」系列，陪伴您一起享受生活樂趣。只要將以下資料填妥回覆，您就是「生活品味俱樂部」的會員，將能收到最新出版的電子報訊息。

這次購買的書名是：生活技能／簡簡單單做胸花(So Easy 111)

1. 姓名：＿＿＿＿＿＿＿＿＿＿＿＿＿＿ 性別：□男　□女

2. 生日：民國＿＿＿＿＿＿年＿＿＿＿＿＿月＿＿＿＿＿＿日

3. 您的電話：＿＿＿＿＿＿＿＿＿＿＿ E-Mail：＿＿＿＿＿＿＿＿＿＿＿＿＿
   地址：□□□＿＿＿＿＿＿＿＿

4. 您的職業類別是：□製造業　□家庭主婦　□金融業　□傳播業　□商業　□自由業
   □服務業　□教師　□軍人　□公務員　□學生　□其他＿＿＿＿＿＿＿＿＿

5. 每個月的收入：□18,000以下　□18,000~22,000　□22,000~26,000
   □26,000~30,000　□30,000~40,000　□40,000~60,000　□60,000以上

6. 您是如何知道這本書的出版？　□＿＿＿＿＿＿ 報紙的報導　□＿＿＿＿＿＿ 報紙的出版廣告
   □＿＿＿＿＿＿ 雜誌　□＿＿＿＿＿＿ 廣播節目　□＿＿＿＿＿＿ 網站　□＿＿＿＿＿＿ 書展
   □逛書店時無意中看到的　□朋友介紹　□太雅生活館的其他出版品上

7. 讓您決定購買這本書的最主要理由是？□封面看起來很有質感　□內容清楚,資料實用
   □題材剛好適合　□價格可以接受　□資訊夠豐富　□內頁精緻　□知識容易吸收
   □其他＿＿＿＿＿＿＿＿＿＿＿＿＿＿＿＿＿＿＿

8. 您會建議本書哪個部份，一定要再改進才可以更好？為什麼？
   ＿＿＿＿＿＿＿＿＿＿＿＿＿＿＿＿＿＿＿＿＿＿＿＿＿＿＿

9. 您是否已經照著這本書開始學習享受生活？使用這本書的心得是？有哪些建議？
   ＿＿＿＿＿＿＿＿＿＿＿＿＿＿＿＿＿＿＿＿＿＿＿＿＿＿＿
   ＿＿＿＿＿＿＿＿＿＿＿＿＿＿＿＿＿＿＿＿＿＿＿＿＿＿＿

10. 你平常最常看什麼類型的書？　□檢索導覽式的旅遊工具書　□心情筆記式旅行書
    □食譜　□美食名店導覽　□美容時尚　□其他類型的生活資訊　□兩性關係及愛情
    □其他＿＿＿＿＿＿＿＿＿＿＿＿＿＿＿＿＿＿＿＿＿＿＿

11. 您計畫中，未來想要學習的生活類相關資訊依序是？ 1.＿＿＿＿＿＿ 2.＿＿＿＿＿＿
    3.＿＿＿＿＿＿ 4.＿＿＿＿＿＿ 5.＿＿＿＿＿＿

12. 您平常隔多久會去逛書店？　□每星期　□每個月　□不定期隨興去

13. 您固定會去哪類型的地方買書？　□＿＿＿＿＿＿ 連鎖書店　□＿＿＿＿＿＿ 傳統書店
    □＿＿＿＿＿＿ 便利超商　□＿＿＿＿＿＿ 網路書店　□其他＿＿＿＿＿＿＿＿＿＿＿

14. 哪些類別、哪些形式、哪些主題的書是您一直有需要，但是一直都找不到的？
    ＿＿＿＿＿＿＿＿＿＿＿＿＿＿＿＿＿＿＿＿＿＿＿＿＿＿＿

15. 您曾經買過太雅其他哪些書籍嗎？
    ＿＿＿＿＿＿＿＿＿＿＿＿＿＿＿＿＿＿＿＿＿＿＿＿＿＿＿

填表日期：＿＿＿＿年＿＿＿＿月＿＿＿＿日

太雅生活館　編輯部收

106台北市郵政53~1291號信箱

電話：02-2880-7556

傳真：02-2882-1026

(若用傳真回覆，請先放大影印再傳真，謝謝！)

太雅生活館

有品味的生活學習，從太雅生活館開始